基礎地学実験

新装版

廣野哲朗・佐伯和人・寺崎英紀・境家達弘
横田勝一郎・松尾太郎・芝井広
共著

学術図書出版社

目　　次

1. はじめに

　文明の恒常的維持 (持続可能性：Sustainability) を最大限に尊重した未来を創造していくためには，地球環境変動 (気候変動) やエネルギー確保の問題，地殻変動による災害リスクの軽減などが主たる大きな課題になっている．国連総会でも，2015 年に「我々の世界を変革する：持続可能な開発のための 2030 アジェンダ」が採択され，17 の持続可能な開発目標 (SDGs) が設定されている．環境のみならず，経済と社会との三側面を調和させつつ，地球表層環境については「地球が現在及び将来の世代の需要を支えることができるように，持続可能な消費及び生産，天然資源の持続可能な管理並びに気候変動に関する緊急の行動をとることを含めて，地球を破壊から守ることを決意する」と表明されている．このような変動する地球に対して，我々がどのように文明を維持していくのか，2020 年の今，まさに真剣に議論すべき時代と言える．

　地球規模の問題に対して，文理を問わず，科学的に探求および現実的な対応に取り組むことができる総合力が大学生には求められている．その主軸として，地学 (宇宙地球科学) の知識の習得が不可欠である．本書は，地質学から天文学まで，幅広い地学の分野の 6 つの実験を実施するにあたり，各実験の背景と意義，そして実験の手順および測定原理などを記したものである．大学における地学実験のみならず，中学校や高等学校での地学教育にもぜひ活用して頂きたいと願う．

　なお，本書は，大阪大学で長年にわたり活用されてきた自然科学実験 1 (学術図書出版社，大阪大学理学部自然科学実験編集委員会編) と地学実験 (学術図書出版社，大阪大学地学実験担当グループ編) からの一部転載 (許可済) を含みつつ，新たに考案した実験課題で構成されている．大阪大学での地学の実験に貢献していただいた先生方へ，著者一同より深く感謝の意を表したい．

2. 実験を安全に実施するために

　基礎地学実験を安全に実施するにあたり，気を付けるべき点を以下に記す．

　1) 地下構造探査と野外地質調査では，実験室外での実習が主であるため，歩きやすい靴を着すること．また，野外地質調査では河原での計測を行うため，肩掛けの鞄ではなく，両手をフリーにできるリュックを持参すること．

　2) 実験中は機器を手にしながらの移動を伴うため，実験机の上および足下には大きな私物は置かず，教員が指示する場所に保管する．また，スマートフォンなどを実験とは無関係に使用することは，進行の妨げになるため，慎むこと．

　3) 与えられた装置を不用意に操作することは，故障の原因となるため，慎むこと．

　4) レポートには実験に関連した事項を詳細に秩序正しく明瞭に記入すること．

＜実験1＞

偏光顕微鏡と岩石鉱物

1.1 概説

　地質学とは，現在の地球内部の構成を理解し，過去の地球史を解明し，未来の地球像を推測する研究分野である．その研究の第一歩は，地球を形作る岩石の観察から始まる．地球の表層部，すなわち地殻は多種多様の岩石よりなっている．これらの岩石の成因を明らかにするためには，岩石の微細組織，鉱物の組み合わせ，化学組成等の諸性質を調べることが必要である．偏光顕微鏡は，これらを調べるために古くから活用されている優れた道具である．岩石を観察するためには，まず岩石を薄板状に切断し，その一方の面を研磨材ですりみがいて接着剤でスライドグラスに貼り付ける．そしてもう一方の面をさらにすりみがいて厚さ $30\,\mu\mathrm{m}$ 程度の薄片にして，カバーグラスをかける．この程度の厚さになると，ほとんどの造岩鉱物は充分に光を透過させるようになるので，顕微鏡によって観察することが可能となる．偏光顕微鏡の使用目的は，造岩鉱物を拡大して観察すると同時に，鉱物の光学的性質を調べることにある．そのため，通常の顕微鏡とは異なり，偏光の性質を利用できるような特殊な構造をしている．本実習の目的は，偏光顕微鏡の原理，仕組み，および使い方を習得すること，そして，実際に，偏光顕微鏡を用いて各種岩石薄片を観察することにより，岩石薄片から得られる情報から，どのように地球の構造や歴史がわかるのかを理解することである．

1.2 岩石と鉱物

　岩石と鉱物はよく混同されて用いられるが，それぞれに定義は異なる．鉱物は，「天然に産出する無機物質で，物理的性質や化学組成がほぼ一定のもの」と定義されている．鉱物のようで鉱物でないものは，例えば陶磁器である．これは人工物なので，鉱物ではない．一方，鉱物でなさそうで鉱物であるものの例は水銀である．液体であってもよい．鉱物の定義は将来変わるかも知れない．例えば，貝殻や腎臓結石など，生物起源のものは現在の定義では鉱物に入らない．しかし，近年「生体鉱物学」といった学問領域が提唱されており，また，地球と生命の進化はお互いに影響を及ぼしあっているという認識が深まりつつあるので，生物起源のものが鉱物の仲間入りをする日もそう遠くないと考えられる．

　岩石とは，「鉱物の集合体」である．構成鉱物は複数種であることが多いが，一種類の鉱物からできていても岩石と呼んでよい．岩石はその成り立ちから，「火成岩」，「堆積岩」，「変成岩」に大別することができる．火成岩とは，地球内部に由来する高温の珪酸塩溶融体 (マグマ) の固結によって形成された岩石である．堆積岩とは，堆積物が物理的・化学的変化を受けて (続成作用) 固結形

成された岩石である．変成岩とは，元の岩石が生成時とは異なった温度・圧力その他の外的条件
の下で，かつ大部分が固体の状態で，地表付近より深部で鉱物組成や組織が変化した岩石である．

1.3　偏光とは何か

　光とは電磁波の一種で電界と磁界からなる横波である．電界の波と磁界の波は互いに振動方向
が直交している．物質との相互作用は，主として電界の変化によるため，光の波を作図する際は，
一般に電界の波の方を代表して描く．電磁波の速さは真空中で 1 秒間に約 30 万 km である．こ
の速度は波長によらず一定であるため，波長と周波数には，「波長 × 周波数 ＝ 電磁波の速さ (光
速)」という関係が成り立つ．図 1.1 に電磁波の種類を挙げる．電波は周波数で表記することが多
いが，光は波長で表現するのが普通である．人間が見ることができる可視光線の範囲は 400 nm
〜800 nm で，短い波長の光は青く，長い波長の光は赤く見える．

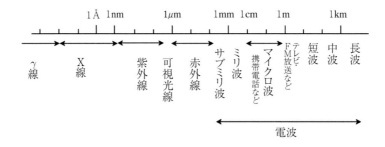

図 1.1　電磁波の種類

　太陽や電球などの光の振動方向は任意の方向に一様分布していて，時間に対して不規則な振動
をしている．このような光を「自然光」という．偏光フィルターとは，ある特定方向に振動する
光を吸収するフィルターであり，偏光フィルターを通すと自然光は，ある特定方向に振動する光
の強度が他の方向よりも強い光に変化する．この光を「偏光」と呼ぶ．

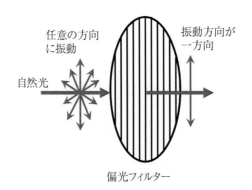

図 1.2　偏光フィルターと偏光

1.4　レタデーションとは何か

　光がある物質から別の物質に入ろうとする時に，ほとんどの場合，光の進行方向が変化する．
この現象を屈折と呼ぶ (図 1.3)．屈折率 n_A の物質から屈折率 n_B の物質へ光が入射する時，入射

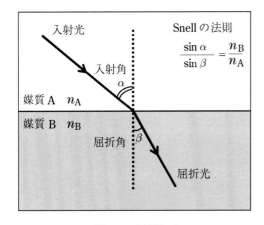

図 1.3 屈折とは

図 1.4 方解石の複屈折

角を α, 屈折角を β とすると, $\dfrac{\sin \alpha}{\sin \beta} = \dfrac{n_B}{n_A}$ という関係が成り立つ. これをスネルの法則という. ある種の物質では, 境界面で屈折する光が 2 つになり, この物質を通してみると向こう側が二重に見える. 図 1.4 は方解石で見られる複屈折の例である.

　複屈折とは, 光学的異方体に見られる性質である. 光学的異方体とは, 均一の物質において, その物体中の方向によって異なった光学的性質を示す物質であり, 一方, 物体中のあらゆる方向で光学的な性質が一定である物質を光学的等方体と呼ぶ. 気体, 液体, 非晶質固体, および等軸晶系の結晶は等方体であり, そのほかの結晶は異方体である. 鉱物のうち, 光学的異方体であるものに光を通すと, 互いに振動方向が直交する二つの偏光に分かれる. 二つの偏光は異方体中での挙動が異なる. 例として, 図 1.5 に方解石の方向による屈折率の違いを図示する. 一つの偏光に対しては, どの方向にも屈折率は同じである. この偏光はスネルの法則に従う屈折をするので, 通常光と呼ばれる. もう一つの偏光に対しては, 方向によって屈折率が異なり, 屈折する方向はスネルの法則に従わない. こちらの偏光を異常光と呼ぶ. 方解石には通常光と異常光の屈折率が一致する方向が一つある. この方向を光軸と呼ぶ. 光軸が一本の結晶を一軸性結晶, 光軸が二本ある結晶を二軸性結晶という. 一軸性結晶には, 方解石, 石英, 等があり, 二軸性結晶には, 斜

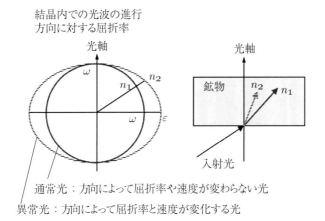

図 1.5 通常光と異常光

長石，カリ長石，輝石，雲母，カンラン石，等がある．

　2枚の偏光板を，透過する光の振動方向が直交するような方向で重ねると，光を通さなくなる．しかし，そこに雲母板をはさむと光を通すようになる．また，雲母板を回転させると90度ごとに光を通さない方向が現れる．これは，一枚目の偏光板を通過した偏光が雲母板によって図1.6のように二つの偏光に分裂したためである．分裂した偏光が二枚目の偏光板の許す振動方向と角度を持っているとその偏光のコサイン成分が透過する．一方，雲母板によって分裂する二つの偏光の振動方向が一枚目の偏光板が許す振動方向と一致もしくは90度の角度を持つときは，偏光の振動方向の回転が起きないため，二枚目の偏光板を通過することはできない．

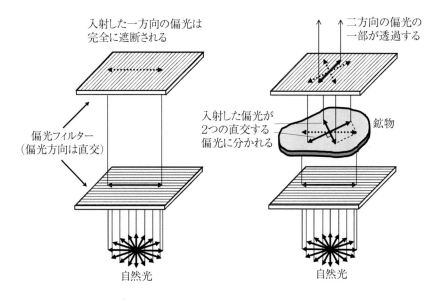

図1.6　鉱物による偏光

　光学的異方体の結晶の中を光が透過する時，光軸以外の場所では，通常光と異常光との間に位相差が生まれる．この位相差をレタデーションと呼ぶ．レタデーションの定義を図1.7に示

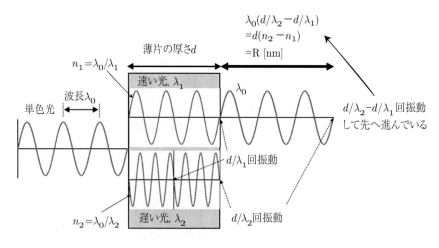

図1.7　レタデーションの説明

す. レタデーション R (nm) は通常光と異常光の屈折率 n_1, n_2 と薄片の厚さ d (nm) を用いると, $R = d|n_2 - n_1|$ と表すことができる. 直交する二枚の偏光板の間に光学的異方体の結晶を差し込むと, 鉱物にレタデーションに対応した色がついて見える. この色を干渉色と呼ぶ. 偏光顕微鏡で鉱物の鑑定をする際には, この干渉色が大きな手がかりとなる. レタデーションが波長の整数倍である光は弱められて透過せず, レタデーションが波長の整数倍＋半波長分付近である光は強められる. 一見, 波の干渉と逆のように思われるかも知れないが, 図 1.6 で雲母板で分裂した二つの偏光が二枚目の偏光板を通過する時に逆位相に変化していることに留意すれば, なぜ波長の整数倍の時に光が弱められるかが理解できよう. 干渉によって強めあう波長と弱め合う波長があるため, レタデーションによって様々な干渉色が見られるわけである.

ミシェルレビーの干渉色図表 (図 1.8) をみると, 偏光顕微鏡の直交ポーラーで鉱物を観察した時の干渉色を知ることができる. レタデーションの値がわかれば, 図の左の軸より干渉色を直接知ることができるが, 最初からレタデーションがわかっている場合は稀であろう. 鉱物のデータブックなどで知ることができるのは, 鉱物の二つの偏光に対する屈折率の差の最大値, すなわちバイレフリンゼンスである. 干渉色表の右側の軸がバイレフリンゼンスを表している. また, 代

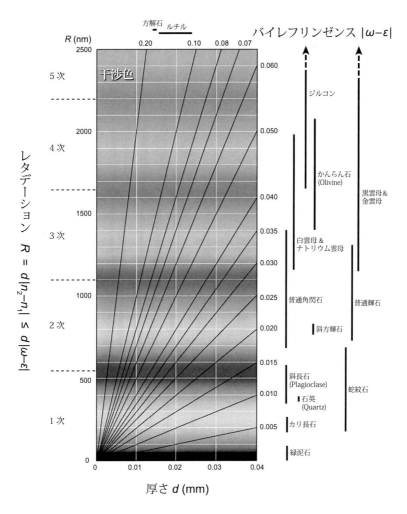

図 1.8 ミシェルレビーの干渉色図表

表的な鉱物のバイレフリンゼンスの範囲が描いてある．鉱物を屈折率の差が最大になる方向から観察している場合は，「レタデーション＝バイレフリンゼンス×薄片の厚さ」になる．したがって，バイレフリンゼンスの軸から斜め線を下っていき，自分が使用している薄片の厚さに達したところで水平に左軸を読むと，レタデーションの値と実際に観察される干渉色がわかる．通常，薄片の厚さは 0.03 mm 前後に調整されている場合が多い．注意しなくてはならないのは，鉱物を観察する方向によって干渉色は変化するということである．光軸に近い方向では，「屈折率の差＜バイレフリンゼンス」なので，レタデーションの値は上記の計算結果よりも低いものとなる．

1.5　実験

1.5.1　偏光顕微鏡の原理

　偏光顕微鏡とは，通常の顕微鏡に，鉱物の光学的性質を調べる様々な付加装置を追加したものである．通常の顕微鏡と同様に接眼レンズ，対物レンズ，反射鏡，絞りを有し，また偏光顕微鏡特有の装置として，偏光子 (下方ポーラー)，検光子 (上方ポーラー)，コンデンサー (集光レンズ)，ベルトランレンズ，各種検板を有し，試料薄片をのせるステージが回転できるようになっている．偏光顕微鏡には大別して 2 種類の使用法がある．第一の方法 (オルソスコープ法) は，ベルトランレンズを光路からはずして観察する方法であり，試料の形態的観察を行うと同時に付属の装置を用いて結晶の複屈折率などの光学的性質を調べることができる．この場合，検光子を光路からはずし，偏光子のみを用いた状態での観察 (下方ポーラーのみ) と，検光子を光路に入れ，かつその振動方向を偏光子のそれと直交させた状態での観察 (直交ポーラー) の 2 通りがある．これに対して第 2 の方法 (コノスコープ法) は偏光顕微鏡に特有の使用法で，入射光を収束光にし，ベルトランレンズを光路に入れて観察する．この場合に観察されるのは試料の実体像ではなく対物レンズの後焦点面に生じた結晶の干渉像を見るのであり，これによって結晶の一軸性と二軸性の判別，旋光性，光軸の方位，光軸角，光学的正負の判定ができる．

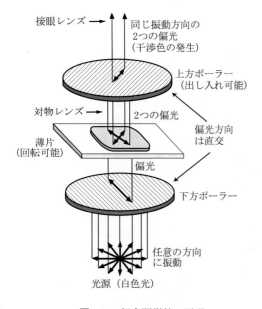

図 1.9　偏光顕微鏡の原理

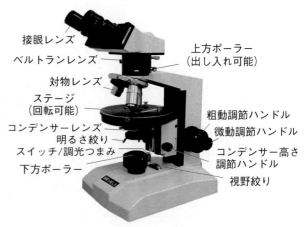

図 1.10　偏光顕微鏡 (ML9200) の各部の名称

1.5.2 偏光顕微鏡の調整

実習では時間の関係によりオルソスコープ法の実験のみを行う. 偏光顕微鏡を使う前に以下の調整を行い, 壊れていないかを確認する.

1) ベルトランレンズ, コンデンサーレンズを光路からはずす.

2) 上方ポーラーを光路からはずした状態で接眼レンズをのぞき, 絞りのレバーを動かし, 最も明るく見える状態 (開放) にしておく.

3) 上方ポーラーを光路に入れ, 光がほとんど通らなくなることを確認する. 通常, 上方ポーラーと下方ポーラーの振動方向は直交しているはずであるが, ずれている場合は, 下方ポーラーを回転させて, 直交した状態 (最も暗くなる位置) にしておく.

1.5.3 顕微鏡の操作上の注意

1) 薄片試料にフォーカスをあわせる際, まずは横から試料と対物レンズの距離を確認しつつ双方を接近する方向にフォーカス調整ハンドルを回し, 次に接眼レンズでフォーカスを確認しつつ, 薄片と対物レンズの距離が離れる方向にハンドルをまわしながら調整を行うこと. (対物レンズによる薄片の押し割りの防止)

2) 試料台に複数の薄片をのせないこと.

3) 薄片試料を試料台に載せたままで顕微鏡を片付けないこと.

1.5.4 観察とスケッチ

スケッチは単なる記録という意味だけでなく, スケッチをすることで観察そのものの質を上げるという効果がある. スケッチをする時に最も大切なことは, 適切な場所を選ぶということである. 岩石薄片のスケッチをする際, スケッチを終えてから構成鉱物の鑑定をはじめようとする者がいるが, これは大きな誤りである. スケッチをしようとする場所をよく理解し, その場所が試料全体の代表としてふさわしいかどうかを判断してから描き始めるべきなのである. スケッチの注意点を以下にまとめる.

1) 代表的な場所を選ぶ

2) 彩色に頼らず, 輪郭線だけでも通用するように, しっかりとした線で組織の外形や構造を描く.

3) 薄い色を表現する時に, ハッチング (斜線等のパターン) を使わない. そういう筋状組織があるものと誤解を与えてしまう.

1.5.5 薄片観察

(a) 黒雲母花崗岩 (深成岩)

観察のポイント：深いところでゆっくり冷却したことを示す等粒状組織を観察

造岩鉱物：石英，カリ長石，斜長石，黒雲母

- 石英：下方ポーラーのみで無色透明，のっぺりしている，直交ポーラーで灰〜黒色
- 黒雲母：下方のみで有色，多色性あり (茶〜緑)，へき開も顕著
- 斜長石：下方のみで無色透明，汚れた感じ (風化に弱いため)，直交ポーラーで灰〜黒色，縞々 (→双晶) が見えることが多い

(b) 輝石安山岩 (火山岩)

観察のポイント：急速に冷却したことを示す斑状組織 (石基と斑晶) を観察

造岩鉱物：(石英)，斜長石，(角閃石)，輝石，(カンラン石)，磁鉄鉱

- 輝石：下方のみで淡緑色，多色性は無い，直交で無〜黄〜橙〜灰〜黒色，へき開あり，双晶あり
- 磁鉄鉱：常に暗黒
- 斜長石：下方のみで無色透明，直交で縞々 (←双晶) が見える
- 石基部分は斜長石と輝石

(c) フズリナ石灰岩 (堆積岩)

観察のポイント：フズリナ 1 個体の形状の特徴を観察

表 1.1 主な造岩鉱物 (Wedepohl, 1971)

	地殻存在度	化学組成
斜長石 (Plagioclase)	42	$NaAlSi_3O_8$ - $CaAl_2Si_2O_8$
カリ長石 (K-feldspar)	22	$KAlSi_3O_8$
石英 (Quartz)	18	SiO_2
角閃石 (Amphibole)	5	$Ca_2(Mg,Fe)_4Al(AlSi_7O_{22})(OH)_2$
輝石 (Pyroxene)	4	$(Fe,Mg,Ca)SiO_3$
雲母 (Mica)	4	$K_2(Fe,Mg)_6(Al_2Si_6)O_{20}(OH)_4$ (黒雲母　biotite)
カンラン石 (Olivine)	1.5	$(Fe,Mg)_2SiO_4$
その他	2.5	

＜実験2＞

屈折法による地下構造の決定

2.1 概説

　地球内部において急激な破壊がおこると，そのために生じた振動が，弾性波として周囲に伝わる．この振動を地震波とよび，波動の発生点を震源，震源の地表面への鉛直投影点を震央という．地震波は大別すると，地表面に近い部分を伝わる表面波，内部を伝わる P 波と S 波に分類される．P 波，S 波はそれぞれ，観測地点に先に到達する波 (primary) と遅れて到達する波 (secondary) を意味する．P 波は音波などと同じ縦波 (疎密波) で，媒体が固体・液体・気体のいずれであっても伝播する．一方，S 波は横波で固体中のみを伝播する．P 波，S 波の伝わる速さはそれぞれ，

$$V_p = \sqrt{\frac{\kappa + 4\mu/3}{\rho}}, \qquad V_s = \sqrt{\frac{\mu}{\rho}}$$

で，与えられる．ただし ρ は密度，κ は体積弾性率，μ は剛性率である．地球内部の P 波，S 波の速度分布を図 2.1 に示す．

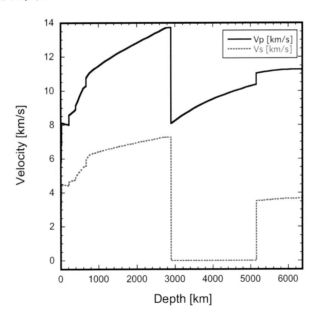

図 2.1　地球内部の P 波，S 波速度分布

　一般に，地表面近傍の一点で地震が発生すると，弾性波は最初，球面波として周囲におくりだ

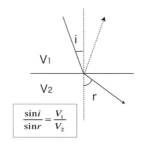

図 2.2　波の屈折とスネルの法則

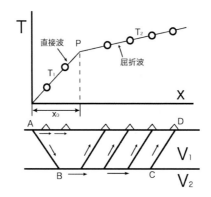

図 2.3　走時曲線

されるが，ある深さより下に伝播速度の大きい層があると，境界に達した波は，図 2.2 のように一部は反射し，一部は屈折して下層に入る．入射角 i と屈折角 r の関係は，

$$\frac{\sin i}{\sin r} = \frac{V_1}{V_2}$$

で与えられる (ただ表層および下層での地震波速度をそれぞれ V_1, V_2 とし，$V_1 < V_2$ とする)．入射角が臨界角 θ に達すると $r = 90°$ になり，この波は上下層の境界にそって進み，途中波動の一部は臨界角で上の層に戻り地表に達する．地表面上の観測点に地震波が到達する時間 t を縦軸に，震央と観測点の間の距離 x を横軸にとって，観測値をプロットすると，図 2.3(上) のような走時曲線が得られる．すなわち，距離 x がある距離 x_0 より大きい場合，屈折波 (経路 ABCD) の方が，表面近傍を伝播する波 (経路 AD) より先に到達する．この走時曲線を解析することで，地層境界面の位置や地層の密度など地下構造についての様々な情報が得られる．例えば震央からの距離が数 100 km 程度の範囲に観測点を設定した場合，地殻とマントル層の境界面 (モホ面) の深度を推定できる．また，自然に発生する地震のほかに，人工的に地震を発生させて地下構造を研究する方法も盛んに行われている．人工地震による測定は，自然地震に比べ，より正確な結果を与えるが，その理由は (1) 震央の位置が既知である，(2) 発震時が既知である，(3) 観測点が自由に選べる，などである．また人工地震による解析は，地球科学的な研究以外にも土木事業や油田開発に欠くことのできない手段のひとつとなっている．

　本実験では，グラウンドで人工地震を発生させ，地震波の到達時間のデータを収集・解析することにより，地下構造を明らかにすることを目的とする．

2.2 原理

2.2.1 走時曲線

一般に地震波が震源から観測点までにとどく時間を**走時**という．縦軸に走時をとり，横軸に発振点と観測点との距離をとり，時間と距離との関係を表したグラフを**走時曲線**という．地震波が図 2.3(下) のように，発振点 A から ABCD の経路をへて観測点 D に到達するが，発振点から適当な間隔をおいていくつもの観測点 (受振点) をおいて，地震波を観測すると図 2.3(上) のような走時曲線が得られる．この曲線の原点に近い部分 T_1 は，上層を V_1 の速度で伝播してきた地震波 (直接波) の走時を示し，原点に遠い部分 T_2 は，下層を V_2 の速度で伝播して屈折してきた波の走時を示している．下層を屈折してきた波は上層を直接きた波よりも，かえって早く到着するため，原点からの距離がある点で下方に折れ曲がって，曲線の傾きが緩くなる．このような折れ曲がりの点 P を**折点**，原点から折点までの距離 (x_0) を**折点距離**または臨界距離という．なお下層の速度が上層の速度よりも遅いときは屈折波は地表に戻ってこないから観測することはできない．

以上のような走時曲線を作成することにより，その曲線の傾きから各地層の地震波速度や，折点距離や速度から地層境界面の深さや傾きを算出することができる．このような手法で地下の地質構造を推定する方法は屈折法とよばれる．

2.3 解析法

2.3.1 不連続面が水平の場合

図 2.4 のように地表から Z の深さに不連続面があり，それを境として上層の速度を V_1，下層の速度を V_2 とする．いま A を発振点 (地表とする)，D を観測点，AD の距離を x とすれば，直接波の走時 (T_1) は

$$T_1 = \frac{x}{V_1} \tag{2.1}$$

である．屈折波の経路を ABCD とすれば，その走時 T_2 は

$$T_2 = \frac{\overline{AB}}{V_1} + \frac{\overline{BC}}{V_2} + \frac{\overline{CD}}{V_1} \tag{2.2}$$

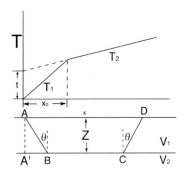

図 **2.4** 水平層の場合

となる．臨界角を θ とすれば

$$\left.\begin{array}{l} \overline{AB} = \overline{CD} = \dfrac{Z}{\cos\theta} \\[2mm] \overline{BC} = x - 2Z \cdot \tan\theta \\[2mm] \sin\theta = \dfrac{V_1}{V_2} \end{array}\right\} \tag{2.3}$$

であるから (2.2) は，

$$\begin{aligned} T_2 &= \frac{2Z}{V_1\cos\theta} + \frac{x - 2Z\cdot\tan\theta}{V_2} \\[2mm] &= \frac{2Z}{V_1\cos\theta} - \frac{2Z\cdot\sin^2\theta}{V_1\cos\theta} + \frac{x}{V_2} \\[2mm] &= \frac{2Z}{V_1\cos\theta}(1 - \sin^2\theta) + \frac{x}{V_2} \\[2mm] &= \frac{2Z\cdot\cos\theta}{V_1} + \frac{x}{V_2} \end{aligned} \tag{2.4}$$

となる．また (2.3) の最後の関係から，$\cos\theta$ を V_1, V_2 等で置き換えれば (2.4) は

$$T_2 = \frac{2Z\sqrt{V_2{}^2 - V_1{}^2}}{V_1 V_2} + \frac{x}{V_2} \tag{2.5}$$

となる．走時曲線の折点距離を x_0 とすれば，折点において直接波と屈折波が同時に到着するから $T_1 = T_2$ となる．(2.1) と (2.5) から

$$\frac{x_0}{V_1} = \frac{2Z\sqrt{V_2{}^2 - V_1{}^2}}{V_1 V_2} + \frac{x_0}{V_2} \tag{2.6}$$

となる．これから Z を求めれば，

$$Z = \frac{x_0}{2}\sqrt{\frac{V_2 - V_1}{V_2 + V_1}} \tag{2.7}$$

となる．この式から上層の厚さが計算できる．また，直接波および屈折波の走時曲線の傾きは，(2.1)，(2.5) から，

$$\left.\begin{array}{l} \dfrac{dT_1}{dx} = \dfrac{1}{V_1} \\[2mm] \dfrac{dT_2}{dx} = \dfrac{1}{V_2} \end{array}\right\} \tag{2.8}$$

となるから，それぞれの速度の逆数をあたえることがわかる．従って，走時曲線の傾きから速度が求められる．

2.3.2 不連続面が傾斜している場合

不連続面が傾斜している場合，発振点からみて，傾斜の上り勾配であるか下り勾配あるかで走時曲線の形が異なる．同一直線上の両端を発振点とする走時曲線を作成し解析することにより，傾斜した不連続面の深さや傾きを算出することができる．

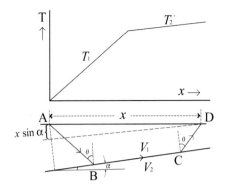

図 2.5 傾斜層上り勾配の場合

(a) 上り勾配の場合

図 2.5 のように，地表下に傾いた上り勾配の不連続面がある場合，上層下層の速度をそれぞれ V_1, V_2 とし，傾斜角を α，A から不連続面までの距離を Z とすれば，屈折波の走時 $T_2{}^+$ は，

$$T_2{}^+ = \frac{\overline{AB}}{V_1} + \frac{\overline{BC}}{V_2} + \frac{\overline{CD}}{V_1} \tag{2.9}$$

ここで，地震波速度と屈折の臨界角の関係 (Snell の法則)，$\sin\theta = \dfrac{V_1}{V_2}$ を用いると，$T_2{}^+$ は，

$$T_2{}^+ = \frac{\overline{AB}}{V_1} + \frac{\overline{BC}\sin\theta}{V_1} + \frac{\overline{CD}}{V_1} \tag{2.10}$$

と表される．また，

$$\overline{AB} = \frac{Z}{\cos\theta}$$

$$\overline{CD} = \frac{Z - x\sin\alpha}{\cos\theta}$$

$$\overline{BC} = x\cos\alpha - \overline{AB}\sin\theta - \overline{CD}\sin\theta \tag{2.11}$$

$$= x\cos\alpha - \left(\frac{Z}{\cos\theta}\right)\sin\theta - \left(\frac{Z - x\sin\alpha}{\cos\theta}\right)\sin\theta$$

$$= x\cos\alpha - \frac{\sin\theta}{\cos\theta}(2Z - x\sin\alpha)$$

であるから

$$T_2{}^+ = \frac{x\cdot\sin\theta\cdot\cos\alpha}{V_1} - \frac{x\cdot\cos\theta\cdot\sin\alpha}{V_1} + \frac{2Z\cos\theta}{V_1}$$

$$= \frac{x\cdot\sin(\theta - \alpha)}{V_1} + \frac{2Z\cos\theta}{V_1} \tag{2.12}$$

となる．屈折波の走時曲線は一直線であって，その勾配は

$$\frac{dT_2{}^+}{dx} \equiv \frac{1}{V_2{}^+} = \frac{\sin(\theta - \alpha)}{V_1} = \frac{\sin(\theta - \alpha)}{V_2\sin\theta} \tag{2.13}$$

となる．なお，$V_2{}^+$ は下層のみかけの速度である．

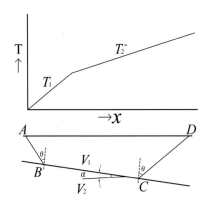

図 2.6　傾斜層下り勾配の場合

(b) 下り勾配の場合

　図 2.6 のように震発点から受信点 D の方をみて，不連続面が下り勾配となっている場合は，α を $-\alpha$ と置き換えて屈折波の走時 $T_2{}^-$ をもとめると，

$$T_2{}^- = \frac{x \cdot \sin(\theta + \alpha)}{V_1} + \frac{2Z \cos\theta}{V_1} \tag{2.14}$$

となる．したがって，これも一つの直線を表し，その勾配は，

$$\frac{dT_2{}^-}{dx} \equiv \frac{1}{V_2{}^-} = \frac{\sin(\theta + \alpha)}{V_1} = \frac{\sin(\theta + \alpha)}{V_2 \sin\theta} \tag{2.15}$$

となる．

(c) 不連続面の傾斜角 α および，真の速度 V_2，深度 Z^+, Z^- の求め方

　不連続面が傾いているときは，一つの走時曲線から α, V_2 を求めることはできないが，図 2.7 のように A および D を発震点として，その中間に受震点をとれば 2 つの走時曲線が得られる．この 2 つの走時曲線から式 (2.13，2.15) によってみかけの速度 $V_2{}^+$, $V_2{}^-$ は，

$$\left.\begin{aligned} V_2{}^+ &= \frac{V_1}{\sin(\theta - \alpha)} \\ V_2{}^- &= \frac{V_1}{\sin(\theta + \alpha)} \end{aligned}\right\} \tag{2.16}$$

となるから，

$$\left.\begin{aligned} \theta - \alpha &= \sin^{-1}\frac{V_1}{V_2{}^+} \\ \theta + \alpha &= \sin^{-1}\frac{V_1}{V_2{}^-} \end{aligned}\right\} \tag{2.17}$$

よって，

$$\left.\begin{aligned} \theta &= \frac{1}{2}\left(\sin^{-1}\frac{V_1}{V_2{}^+} + \sin^{-1}\frac{V_1}{V_2{}^-}\right) \\ \alpha &= \frac{1}{2}\left(\sin^{-1}\frac{V_1}{V_2{}^-} - \sin^{-1}\frac{V_1}{V_2{}^+}\right) \end{aligned}\right\} \tag{2.18}$$

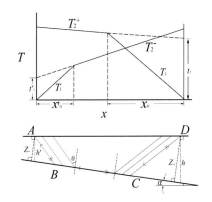

図 **2.7** 傾斜層が存在する場合の走時曲線

となる.(2.18) から,臨界角,および境界面の傾斜角が求められる.したがって真の速度 V_2 は

$$V_2 = \frac{V_1}{\sin\theta} = \frac{V_1}{\sin\left[\frac{1}{2}\left(\sin^{-1}\frac{V_1}{V_2^+} + \sin^{-1}\frac{V_1}{V_2^-}\right)\right]} \tag{2.19}$$

で計算できる.

不連続面の深さを決定するには折点距離を用いる.上り勾配の場合の折点距離を x_0,下り勾配の場合を x_0' とする.折点では,$T_1 = T_2$ であるため,

$$\left.\begin{array}{l} \dfrac{x_0}{V_1} = \dfrac{x_0 \cdot \sin(\theta-\alpha)}{V_1} + \dfrac{2Z^+\cos\theta}{V_1} \\[3mm] \dfrac{x_0'}{V_1} = \dfrac{x_0' \cdot \sin(\theta+\alpha)}{V_1} + \dfrac{2Z^-\cos\theta}{V_1} \end{array}\right\} \tag{2.20}$$

となる.よって (2.20) より,

$$\left.\begin{array}{l} Z^+ = \dfrac{x_0}{2\cos\theta}\{1 - \sin(\theta-\alpha)\} \\[3mm] Z^- = \dfrac{x_0'}{2\cos\theta}\{1 - \sin(\theta+\alpha)\} \end{array}\right\} \tag{2.21}$$

となる.また,点 A,D から不連続面までの鉛直距離を h',h とすれば,

$$\begin{array}{l} h = \dfrac{Z^+}{\cos\alpha} \\[3mm] h' = \dfrac{Z^-}{\cos\alpha} \end{array} \tag{2.22}$$

で,求められる.

以上のように,地震波の初動到達時間を解析することにより,地震波速度の異なる二層の境界の深さやその傾きを求めることができる.

2.4 実験

2.4.1 用具

地震波観測装置一式,方眼紙,関数電卓等

2.4.2　手順

1. グラウンドにて人工地震を用いた地震波の観測を行う.

2. 実験室に持ち帰ったデータを解析し，実験場所地下構造を推定する.

＜実験3＞

野外地質実習

3.1　概説

　地学 (宇宙地球科学) はその取り扱う研究手段によりいろいろな分野に分かれているが，いずれも地球を構成する物質とその中で生起する諸現象を対象とする科学であるという点が特徴である．実験室内での研究も，その多くは野外において採集して試料やそこで観察した事実に基づいて行われる．それゆえ地学を学ぶにあたっては野外において観察や採集を行い，自然の現象に自ら直接ふれることに非常に大きな意義がある．

3.2　野外実習の準備

3.2.1　実習のための予備知識

　フィールドへ出かける前に予め目的地についての充分な知識を把握しておく必要がある．フィールドとして選ばれるような場所は既に多くの調査研究が行われていくことが多いので，適当な文献 (学会誌等の論文) により従来明らかにされた事実を知ることができる．産業技術総合研究所地質調査総合センターの地質図幅およびその説明書を参考にすることもできる．またフィールドにおいて見出される可能性の大きな岩石，鉱物，化石などは大学の標本室に同種の標本がそろっているので，肉眼的に観察できるように前もって観察しておくことが望ましい．

3.2.2　地形図の準備

　野外実習に使う地形図は，実習の目的や精度に応じて，5万分の1，2万5千分の1，1万分の1の地形図のうちどれかが使われる．多くの場合は，国土地理院発行の2万5千分の1の地形図が使用される．地形図でも製作あるいは修正年月日が相当古い場合には，道路，鉄道，その他新設されたものを補記する必要がある．また，未知のフィールドの地形がわかりやすいように，水系図や峰線図を作っておくのも，よい方法である．

3.2.3　用具と服装

　A　用具　　GPS，ハンマー，クリノメーター，ルーペ，ハンドレベル，折尺，サンプル袋，マジックインク (油性のもの)，フィールドノート，筆記具，地図および文献，高度計，距離計

　B　服装　　ハイキングスタイルがよい．荷物はリュックまたはナップサックなどで背負うようにし，腰にベルトをつけてクリノメーター等はケースごとベルトにとおせば常に両手を

自由に使うことができる．服はポケットの多いものの方が小物類の収納に便利である．また山地を歩くことが多いので革靴やサンダルは絶対に避け，トレッキングシューズをはくのがよい．上記の調査用具のほか，弁当，飲み物 (現地では調達できないことが多い)，雨具等も忘れてはならない．

3.3 実習事項

野外実習は，表土がはがれて，岩石や地層が直接地表にあらわれている「露頭」の実習からはじめる．露頭に達したならば，まず，この露頭位置は，GPS を活用して地形図上どの部分に相当するかを確かめてから，色々の観察や測定を行う．この場合注意することは，露頭の一部分の観察や測定にならないようにすることで，露頭に近づく前に，全体としての岩質や，地層の変化を大観する必要がある．例えば，堆積岩の露頭で，露頭のなかに走向や傾斜の著しい変化がなければ，一箇所の測定だけでよいことになるが，褶曲した地層では走向・傾斜の変化に応じて測定する必要がある．

3.3.1 実習するときの主な注意事項

(1) 露頭に近づいて，岩相の特徴・重なり方・化石の有無などを観察し，その要点をフィールドノートに記入する．

(2) 地層や節理の走向・傾斜を測定して，正確に地図上に記入する．

(3) 岩石や化石の標本を採集するときには，岩相や化石の特徴がよくあらわれている部分からとる．また，番号とフィールドノートと地図上に記録しておく．

(4) 違った岩相がいくつもある場合には各々の位置や変化する位置をスケッチする．

(5) 岩相が急に変化する場合には，断層によるか，不整合か，あるいは火成岩の貫入によるものかなどについて，よく調査する．

(6) このほか露頭で確認しておく事項としては，地層の整合・不整合関係，断層の位置・走向・傾斜・断層の種類，地層の褶曲状態・背斜軸・向斜軸の位置・微化石 (花粉・珪藻) の有無などがある．

3.3.2 おもな堆積岩の特徴

礫・砂・泥からできている堆積岩の名称は，粒子の大きさで次のように決める．

(1) 礫岩：粒の大きさが直径 2 mm 以上のものをいう．なかに入っている礫が，どんな種類の岩石であるか，また丸み (円磨度) などもよく調べる．

(2) 砂岩：粒の大きさが直径 16 分の 1 mm から 2 mm までのもので，手でさわるとざらざらする．色は淡灰色から暗灰色までである．

(3) 泥岩：直径 16 分の 1 mm 以下の非常にこまかい粒子で構成され，手でさわるとつるつるする．色は暗灰色から黒色が多い．剥離性の発達した泥岩のうち，剥離面が層理・葉理にほぼ平行したものを頁岩と呼び，弱変成を受けて剥離性の発達したものを粘板岩という．粘板岩の剥離面は層理・葉理と斜交することもある．

(4) 石灰岩：大部分は貝類，珊瑚，海百合などの石灰質の骨格や殻から生成されているので，塩

酸をかけると泡をふいてとける (ただし，塩酸の取り扱いには，事前に化学実験の安全講習を受講することが望ましい)．ハンマーで，きずがつきやすく，白い粉がでる．

(5) チャート：珪酸質の骨格をもつ放散虫などの遺骸があつまってできたもので，かたいが，こまかくくだける性質がある．

(6) 凝灰岩：火山灰が凝固してできた岩石である．ざらざらしていて，よくみるとかどばった岩石やガラス質物をとりこんでいる．

3.3.3 おもな火成岩の特徴

マグマが地下深くにあって，ゆっくりと冷却してできた深成岩と地上または地表近くで急激に冷却してできた火山岩がある．その各々を有色鉱物の量比によりさらに細分する．

(1) 花崗岩：普通にはみかげ石とよばれ，白地に黒点のまじった粗粒の岩石で，深成岩中もっとも多量に存在する．

(2) 閃緑岩：花崗岩に似ているが，有色鉱物が多いのでもっと黒味をおび，黒みかげともいう．

(3) ハンレイ岩：閃緑岩より更に有色鉱物にとみ，灰黒色を呈する粗粒の岩石である．

(4) 流紋岩：大体花崗岩と同じ組織の火山岩で，ガラスを多くふくみ熔岩として流れた状態をはっきり示す．

(5) 安山岩：灰，青，褐色を呈し，斑晶が多くて斑状組織があきらかである．

(6) 玄武岩：黒色または灰色で，斑状組織はあまり著しくない．世界を通じて玄武岩は火山岩中もっとも多量にある．

3.4 調査用具の使用法と記録法

(1) フィールドノートのつけ方：フィールドノートには年月日，天候，調査地名を記入し，実習した露頭は通し番号にして観察した事柄やスケッチ図を順次記録していく．常に地形図中における現在地点を確かめ，地形図中にも番号をその都度記入していく．採集した試料には番号をつける．これにはたとえば20040107のように8けたの数字で記入すれば2020年4月1日に採集した7番目の試料であることが直ちにわかるので，あとで整理するのに都合がよい．

(2) クリノメーターの使い方：地層の走向，傾斜を測定するためにクリノメーターを使用する．走向とは地層面と水平面との交線の方位であり，傾斜は地層面と水平面との交角である．クリノメーターを水平に保ち (水準器の泡を中央にする) 図3.1a のようにその長辺を地層面にあてたとき磁針の示す外側の目盛りが走向である (同図b)．たとえば磁針がN と W の間の35°を示せば，走向は磁北よりW 側へ35°の方位である．次にクリノメーターの長辺を走向に直角の方向に向けての地層面にあて，このとき振子の示す角度を内側の目盛りで読む (同図c)．走向がN35°W，傾斜角が15°W の場合，地図中には同図dのように記入する．

(3) ハンマーの使い方：岩石ハンマーで石を割る場合は必ず角型の端を用いる．他方のとがった先端は標本の仕上げ整形のために小片をかき落とすのに用いる (図3.2)．

(4) ルーペの使い方：微細な試料を観察するためにルーペを用いる．とくに拡大して観察する場合にはポケットミクロスコープを使用する．初めは低倍率 (20倍程度) にし，対物レンズの先の反射鏡で光を試料面に集め，チューブを繰り出しピント調整リングを回してピントを合

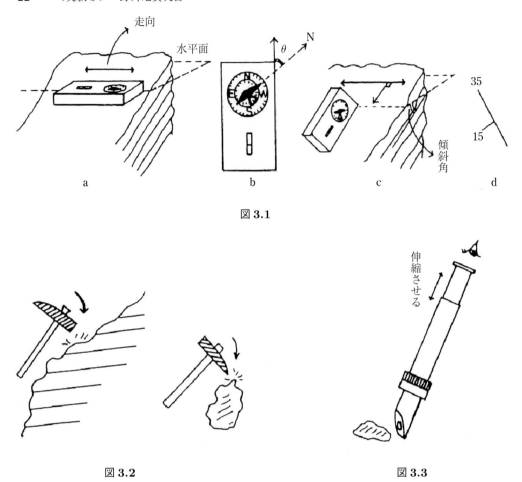

図 3.1

図 3.2

図 3.3

わせる (図 3.3).

(5) ハンドレベルの使い方：遠方の標的の傾斜角と高度差を測定する．この器具は視準管，半円分度盤，回転式気泡管よりなる．図 3.4 のように標的を視準し，気泡管を回転して同一視野内において気泡を中心線に一致させ，このとき分度盤上で指標の示す角度目盛りを読む．分度盤には Tangent scale も刻まれているので，水平距離に対する高低差を直ちに知ることができる．

(6) ルートマップの作成：(クリノメーターと歩測による) 正確な路線図を作り，露頭での観察事項や試料採集地点とその番号を記入する．図 3.5 のように測点 1 に対する 2，2 に対する 3等々の方位と距離を測定し，後に作図する．自己の歩幅は予め 100 m の距離を 3，4 回歩いて平均値を求めておく．表に身長と歩幅の関係の平的な値を示す (上り傾斜 1° につき 2%，下り傾斜 1° につき 1%程度減少する．).

身長 (cm)	152.4	157.5	162.6	167.7	172.8	177.8	182.9
歩幅 (cm)	76	77	78	79	80	81	82

方位の決定にはクリノメーターを用いる．図 3.6 のようにクリノメーターの長辺を目標に向ける．このとき N 極の示す角度が目標物の方位である．クリノコンパス (またはブラントンコンパス) を使用すれば一層正確に方位を決定できる (図 3.7).

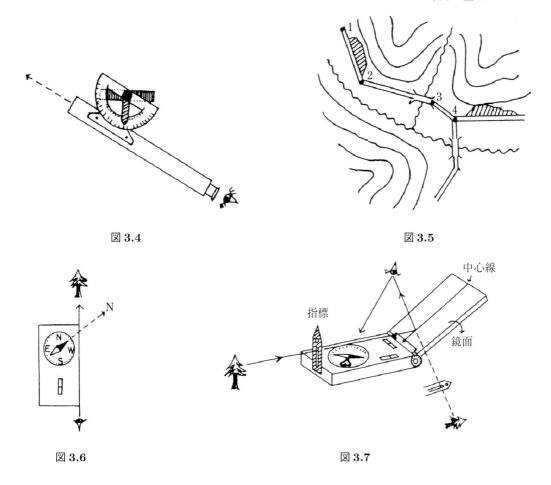

図 3.4

図 3.5

図 3.6

図 3.7

3.5 結果の整理

地層の走向, 傾斜や段丘面の高度の測定結果などを整理してまとめる.

＜実験4＞

地質図の作成

4.1 概説

地質学では，地質調査の結果を地質平面図・地質断面図・地質柱状図によってあらわすのが普通で，一般に地質図といえば地質平面図をさす．地質図は等高線式地形図の上に，地殻の最上部の状況を一定の約束にしたがってあらわしたものである．野外調査をして，正しい地質図を作成することは地質学の重要な要素であるが，これは正しく地質図を読むことと，表裏一体である．ここでは，地質図から地質構造・地史 (テクトニクス) を解釈する基礎として，地質図について図上考察をし，また計測や図上作業を行うことを目的とする．

4.2 実験

4.2.1 原理

地殻は立体的な構造をもったものなので，地下に分布しているある地層は，ある場所で地表にあらわれる (露頭という)．この地層が露出する部分から地層の空間的広がり (走向・傾斜) と地表面との交線が決定される．従って，逆に地質図の地層の境界面と地形との関係 (境界線という) から，ある程度地下の状態を知ることが出来る．

a. 走向・傾斜

図 4.1a のように，走向は地層面 (層理面) と水平面との交線の方向で，傾斜は両面のなす角度である．

走向をあらわすのは，東西南北のどの方位を向いているかということと，南北方向となす角と

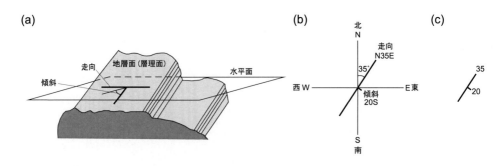

図 4.1

(a)

(b)

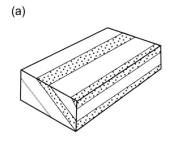
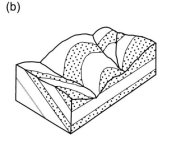

図 4.2

である. その角は, 普通北へ向かう方向を基準にする. 傾斜は傾きの角と, 傾いている方向とであらわす (図 4.1b). 地質図上では, 図 4.1c で示すように, マークおよび数字で記す.

走向・傾斜のうち, とくに走向は, 地質図を描く上の基礎になる. 走向に変化がなければ, 同じ高さのところでは同じ地層がその走向線上にあらわれる (図 4.2a). 地形がデコボコしていれば, その起伏と地層の傾斜に応じて, 地層は走向よりそれた方向へ走っていく (図 4.2b). そのため, 地質図を描く手段からいえば, 走向が基準であり, それに傾斜の要素が加ってくる.

b. 見かけの傾斜

走向に対して直角でない方向に測った傾斜のことで, 真の傾斜角より小さい値になる.

c. 地層の厚さ

走向に直角な断面にあらわれる地層の幅, すなわち地層の厚さには鉛直方向に測ったみかけ上の厚さと地層に直角に測った真の厚さとがある.

d. 断層による地層のズレ

断層でずれている地層を地質図に描くには, 断層運動がどの方向にどれだけおこったかということは, いちおう問題ではなくて, その運動の結果つくられた断層の構造さえわかればすむ (図 4.3).

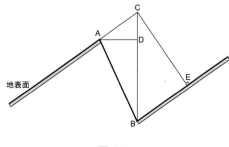

図 4.3

AD：水平ずれ.

DB：落差 (＝垂直転位).

CB：垂直間隔. (この量が地質図を描くときに必要)

CE：層位的転位. (断層を考えないとすれば, この量だけ地層の厚さが見かけ上増減する)

4.2.2 用具

方眼紙，定規，コンパス，分度器，色鉛筆，各種地質図

4.2.3 操作 (手順)

a. 地質断面図の書き方

(1) 切断位置の設定：地層の走向・傾斜や境界などの資料が豊富なところ，地域内にみられる一般的構造が明瞭に表現出来るところ，および地域内に分布する全ての地質系統の相互関係があらわせるところがよい．(2) 地形断面図の作成．(3) 切断面への投影：切断線上にある走向・傾斜角はそのままの位置でよいが，切断線から離れているものは走向線を延長し，切断線で交わる点に移す．切断線と平行に近い走向の場合には，地層面上の傾斜方向に真直ぐに延長して投影するが，高さの位置をかえること．切断面に斜交する面の傾斜角はみかけ上の傾斜角に修正しなければならない．(4) 作図：地層の褶曲は，地層の厚さの変化の少ない場合，一般に平行褶曲と考えてよい．従って，次のような平行褶曲図法 (バスク図法) が用いられる．隣り合う傾斜角度の異なる 2 つの傾斜面があるとき，それら 2 点にそれぞれ垂線を立て，それぞれの垂線の交点を求める．この交点を中心にして，それぞれの点までの長さを半径とした円弧がそれぞれの点を通る地層面である．こうした手順を次つぎと行えば，互に平行した弧を示す断面図が出来る．

地質図より地層の厚さ (みかけ上) を算出する方法：(1) 傾斜法：傾斜の方向に任意の線を引いて，C 層の上面と下面との間の距離を求める (図 4.4)．θ を傾斜とし，$ab = 240$ m により，

$$\text{C 層の厚さ} = \overline{ab}\tan\theta - (ab\text{ の高さの差}) = 240 \times \frac{1}{5} - (110 - 94) = 32\,\text{m}$$

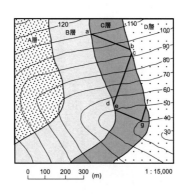

図 4.4

(2) 走向法：走向の方向に任意の線 cd を引き，C 層の上面および下面との交点を c,d とする．c と d の高さの差が C 層の厚さである．$90 - 59 = 31$ m

(3) 等高線法 (同高法)：同一等高線が C 層の境界線と交わる点を e, f とする．走向線 fg と傾斜線 eg を引く．

$$\text{C 層の厚さ} = \overline{eg}\tan\theta = 150 \times \frac{1}{5} = 30\,\text{m}$$

断層の落差の計測法は，地層のみかけ上の厚さの測り方と同じであり，以上の 3 種類がある．

b. 地層境界線の書き方

(1) 最初に地層の高さの水平投影 (horizontal projection) を求める. すなわち図 4.5 のように, 地形図の等高線間隔に等しい間隔をもつ平行線 AB, CD をかく. AB 線上に地層傾斜角 ∠BAC をとり, CD との交点を C とする. C より AB へ垂線 CB を下す. AB は地層の高さ AC の水平投影である.

(2) 地形図上で, 地層傾斜を測定した点 P を通って走向の方向へ直線 OP を引く. OP に多数の平行線 VX, RS, TU 等を引く. この平行線の間隔は (1) で求めた水平投影 AB と同じにする. こうしてかいた平行線を地層等高線 (stratum contour) という (図 4.6).

(3) 次に P 点から出発して, P 点 (220 m) より高い地形等高線 (topographic contour)(240 m) と地層等高線との交点 S とを結べば, この PS が地層境界線である. このようにして R, O, W 等を結べばすべての地層境界線をかくことができる.

(4) 地層境界線は, 地形等高線と地層等高線との交点以外の所で, そのどちらも横切ってはならない.

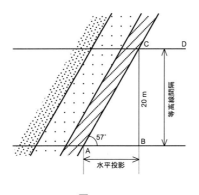

図 4.5

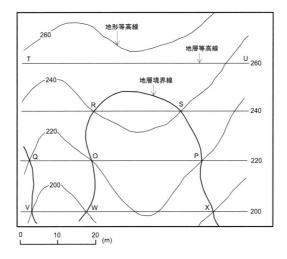

図 4.6

(5)　同一の地層等高線が，同一の地形等高線と交わる時は，そのすべての交点 (例えば P，O，Q) において必ず地層界線が通過する．

(6)　地図の縮尺が数字で示されている時の地層の等高線間隔 (水平投影) は次の式で計算する．

$$地層の等高線間隔 = \cot(傾斜角) \times \frac{地形等高線間隔}{縮尺}$$

例えば地形等高線間隔 20 m，地層傾斜角 57 度，地質図の縮尺 6 百分の 1 とすれば

$$地層の等高線間隔 = \cot(57°) \times \frac{20}{600} = 0.0216$$

すなわち 2.16 cm である．

断層線の書き方は，地層境界線の場合と同様である．

＜実験5＞

自然放射線の計測

5.1 概説

　放射線は私たちの身の回りの環境に常に存在している．過剰な放射線は生物にとって悪影響を与えるが，そのエネルギーは原子力発電等で利用されるため，日常的に情報として触れる機会も多い．放射線の発見は近代の物理学や化学に大きな影響をもたらしたが，地球惑星科学においても放射性物質の成り立ち自体が大きなテーマとなった．自然界にある放射性物質の研究は，地球の岩石だけでなく太陽系や宇宙の成り立ちまで考察することに繋がっているからである．その代表的な例として，放射性物質の半減期を利用した岩石の年代計測が挙げられる．本実験では，放射性物質の成り立ちや性質を学び，身近にある放射線を計測することで，地球環境中の放射性物質への理解を深めることを目的とする．

5.2 放射線と自然放射性物質

　放射線とは高エネルギーの粒子または電磁波の総称である．放射性物質から放射性崩壊によって放出されるものを指す場合が多いが，宇宙での爆発的高エネルギー現象や人工的に加速器設備などによって作られるものもある．放射線の強度を評価する単位は，放射線計測量 (単位面積あたりの粒子数) で定義される．また放射線によって物質が受ける作用を評価する単位として吸収線量 (単位質量あたりに受け取るエネルギー) や等価線量 (人体に及ぼす生物学的影響を考慮した放射線量) がある．放射能という場合は，物質が自発的に放射線を出す性質 (能力) を指し，物理量としては放射性核種の崩壊率として定義する．これらの単位を表 5.1 にまとめる．本実験では単位時間あたりの線量として μSv/h を使用する．一般公衆の年間線量限度は $1,000\,\mu$Sv/year，職業人に対しては $50\,$mSv/year と定められている．

表 5.1　放射線の単位

放射線計測量	粒子フルエンス　particle/m^2
	エネルギーフルエンス MeV/m^2
吸収線量	グレイ：Gy ＝ J/kg
等価線量	シーベルト：Sv

　放射線としては，アルファ線 (ヘリウム原子核)，ベータ線 (電子)，ガンマ線 (電磁波) が代表的である．いずれも放射性核種の崩壊によって放出される．放射時のエネルギーはいずれも MeV 前後であるが透過力が大きく異なる．これは物質との相互作用の強さと言い換えることもできる．放

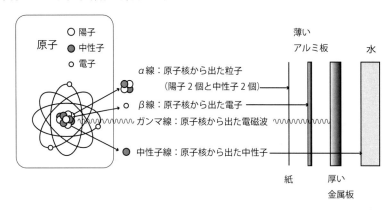

図 5.1 放射線の種類と透過力

射線のエネルギーが高いほど飛程 (物質内での放射線が侵入する深さ) は長くなり，物質は密度が大きいほど飛程を短くして侵入を阻む．アルファ線とベータ線の透過力を示す飛程 R_α, R_β (cm) は放射線の入射エネルギー E (MeV) と物質の密度 d (g/cm^3) によって $R_\alpha = 3.8 \times 10^{-4} \times E^{1.5} \div d$, $R_\beta = 0.405 \times E^{1.38} \div d$ と近似的に求めることができる．相互作用の強いアルファ線は飛程が短いため遮断が容易であるが，体内に取り込むと効果的に放射線エネルギーを吸収してしまう．一方で相互作用の弱いガンマ線は遮断が困難になるが，人体をも通過しやすいため受けるエネルギーは一部となる (図 5.1)．

　天然の放射性物質の起源は宇宙の化学進化の理論から概ね次のように説明されている．ビッグバン直後は陽子と中性子だけであったが，やがて核融合反応が始まってトリチウム (^{3}H) やヘリウム (He) が現れた．その後恒星が誕生し，より効率よく核融合反応が行われた．質量の重い恒星ほど重元素を生成することができ，Fe までが恒星内の核融合反応で合成された．軽い恒星の赤色巨星段階では遅い中性子捕獲が起きてその結果 209 ビスマス (^{209}Bi) までが生成された (s-プロセス)．s-プロセスはベータ崩壊より長い時間スケールで起きるため，放射性元素はほとんど生成されない．大質量の恒星では，やがて重力崩壊型の超新星爆発が起きた．このとき恒星中心で急

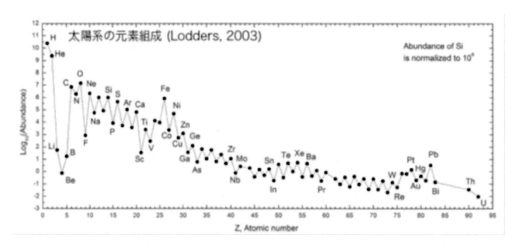

図 5.2 太陽系の元素組成 (Lodders，2003 より)

激に大量の中性子が生成されるため, 外縁部にある原子核はベータ崩壊するより早く多数の中性子捕獲を行い, 中性子過剰の不安定核種が生成された (r-プロセス). 直後からベータ崩壊が起きてより重い元素まで合成され, ウラン 238(^{238}U) などの放射性元素もこのとき生成された. 宇宙が何度も超新星爆発を経験した後に太陽系や地球が形成したため, 太陽系の元素組成はこれまでの宇宙の化学進化を反映して放射性元素を含む結果となった (図 5.2).

放射性元素のほとんどは親石性物質に分類され, 珪酸塩に濃集する性質を持つ. そのため大陸地殻には液相濃集元素であるウラン (U), トリウム (Th), カリウム (K) などの放射性元素が集まる傾向にある. また, ウランに富む岩体中を熱水が循環すると, 熱水がウランを濃集するために鉱床を形成する. そのため資源として採掘出来るウラン鉱床が世界には幾つかあり, 天然で臨界にまで至った事例 (ガボン共和国のオクロ鉱床) が一つだけ報告されている.

地球上で見られる放射性元素の代表的なものについて以下に挙げる. 地球誕生時からあるものと宇宙線が日々生成するものに区分される. 大地土壌にはカリウム 40(^{40}K), ウラン 238(^{238}U), トリウム 232(^{232}Th) などが含まれ, 鉱山地域や温泉地で高く河川や海付近では低いなどの地域性がある. 図 5.3 は日本の放射線量マップであり, 日本における地域性を示している. 放射性元素の特徴により日本の地質図と良い相関を示す. カリウム (^{39}K, ^{40}K, ^{41}K の 3 つの同位体) は生命必須元素であることから, 放射性元素であるカリウム 40 も人体にも 2 g/kg 含まれている. 空気中には土壌や建築材から脱ガスしたラドン 222(^{222}Rn) やラドン 220(^{220}Rn) が存在している. 吸い込むと内部被爆をもたらす. 一方で上空から到来する放射線として宇宙線が存在する. 宇宙線とは主に銀河中心から到来する高エネルギーの陽子である. その起源は 100 年前の発見以来大きな科学的テーマとなったが, 近年は超新星残骸での衝撃波であることが有力視されている. この宇宙線は大気上層で多重衝突して電磁シャワーを地上にもたらす. 大気による遮断効果があるため, 高度が高いほど放射線強度が強くなる. そのため山岳地帯や航空機内では地上より高い線量となる傾向がある.

5.3 計測実習

5.3.1 放射線計測器

本実験ではガイガーミュラー (GM) 管 (図 5.4) を備えた放射線計測器を使用する. GM 管とは密閉した容器に不活性ガスを封入したもので, 中心に位置した針と周囲の電極に高電圧を印加している. 放射線が飛来するとガスが電離して電極に飛び込むため, 放射線イベントが電気信号として対応する. GM 管では放射線イベントの数を数えるのみでエネルギーや線種の計測は実施していない. 等価線量への換算には仮定や標準試料による較正が含まれている.

5.3.2 実習事項

教室内にて背景の自然放射線量を計測する. 日本における平均放射線量 (地面から 0.5 mSv/year, 宇宙線から 0.4 mSv/year) と比較し, 教室の放射線環境または計測器の健全性を確認する. 岩石等の試料や教室の様々なものの計測を行う. 参考のためウラン含有量の高い岩石試料などと比較する. 集塵機を使って空気中に浮遊する物質を採取して計測する.

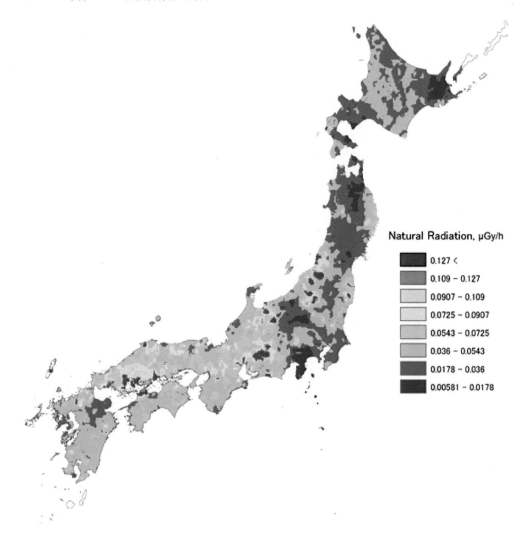

図 **5.3** 日本の自然放射線量 (1999〜2003 試料採取，2004 年発表：日本地質学会)

5.4 キャンパスでの放射線計測

　キャンパス内を 1 時間程度フィールド調査によって放射線計測を行い，キャンパス内の放射線環境の特徴を捉えて原因を考察する．計測地と共に計測地点の特徴も記載して，考察に必要な情報を揃える．考察の観点は自由であるが，参考までに例を示す.

　・花崗岩など岩石を使った建築材，オブジェ (門柱)，石畳など線量はどの程度か.

　・アスファルト，草木，池周辺など地面の違いによる線量への影響はあるか.

　・山肌の露出や地形 (丘陵地，窪地) による線量の違いはあるか.

　・放射線管理区域付近の線量はどの程度か.

　フィールド調査による放射線計測終了後に教室に戻り，それぞれの結果をまとめる．得られた結果から特徴を抜き出し，その原因について考察しレポートにまとめて提出する.

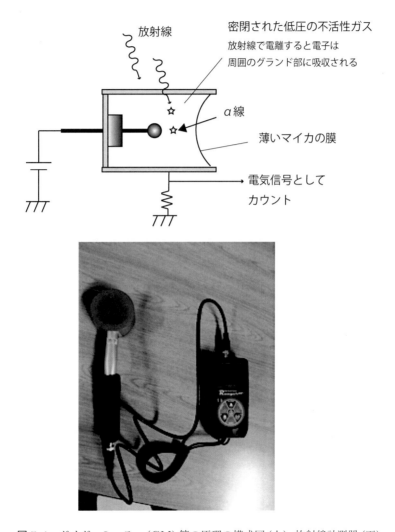

放射線

密閉された低圧の不活性ガス

放射線で電離すると電子は
周囲のグランド部に吸収される

α線

薄いマイカの膜

電気信号として
カウント

図 **5.4**　ガイガーミュラー (GM) 管の原理の模式図 (上), 放射線計測器 (下)

＜実験6＞

太陽光の分光観測

6.1 概説

「温度」は基礎的な物理量の一つである．太陽のような恒星をはじめとする宇宙の天体にとっても，「温度」は「密度」などとともに，その天体の特性を表す最も重要な物理量の一つである．この実験では，太陽やその他の物体のスペクトルを計測し，Planck の法則を用いてその物体の温度を求める．この法則によれば，完全な黒体の放射スペクトルは Planck 関数 (Planck の公式ともいう) で記述できる．太陽は完全な黒体とはいえないが，スペクトルの概形はそれに近いことがわかっている．太陽や植物などのスペクトルを測定して，その物体の温度や分光的性質を考察してみよう．

また本実験は，宇宙の研究で重要な「天体分光観測」を模擬するものになっていて，これによって天文学研究の一端に触れることできる．図 6.1 に本実験の概要を示す．

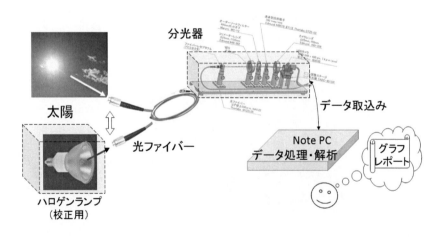

図 **6.1** 実験の概要

6.2 電磁波の種類

電磁波 (Electromagnetic Wave) は，可視光 (Visual Light)，赤外線 (Infrared Light)，電波 (Radio Wave)，紫外線 (Ultraviolet Light)，エックス線 (X-ray)，ガンマ線 (Gamma Ray) などの総称である．これらは異なる呼び名が付けられているが，波の周波数 (または波長) が異なるだけであり，物理学的には電磁波として同一の原理・法則で記述される (図 6.2)．実際には，波長

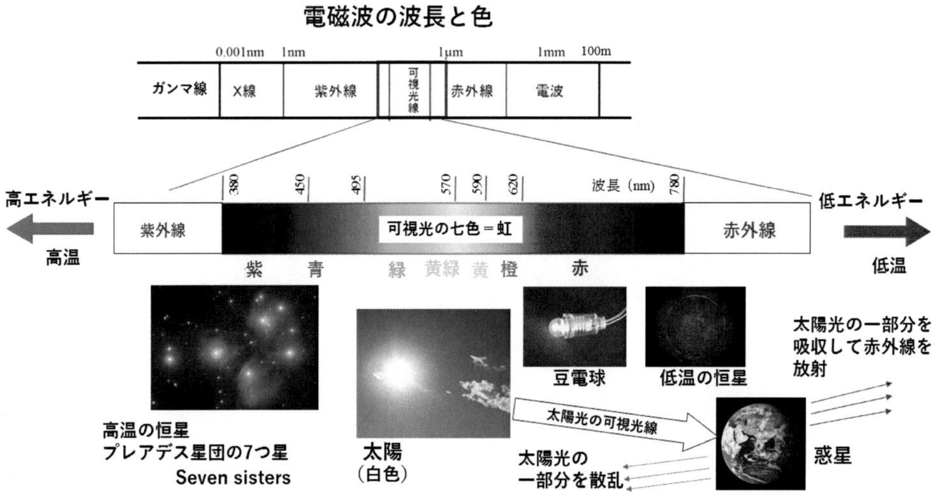

電磁波の波長と色

図 **6.2**　電磁波の種類と色，温度

(あるいは周波数) や光子一個あたりのエネルギーが異なるために，それぞれに特有のさまざまな作用がある．可視光は文字通り，人間の眼が感知できる範囲の電磁波のことであり，波長範囲はおよそ 380 nm から 780 nm である (可視光の定義には諸説あり)．人間の眼はこの範囲の電磁波 (可視光) をさらに細かく波長に応じた色として区別することができる．虹の七色はその例である．

6.3　Planck の法則

　物体と電磁波の相互作用を記述する最も重要な法則の一つが，Planck の法則である．物体にはその温度 (物体温度) が定義できる．一方，電磁波が伝わる場 (電磁放射場) にも，温度 (放射温度) が定義できる．物体と電磁放射場が熱平衡である時，両者の温度が等しく，両者の間のエネルギーの行き来の総和はゼロである．この時の電磁波放射の強度スペクトル $I(\lambda, T)$ は，波長 λ と温度 T の関数として，次のように記述される．

$$I(\lambda, T) = \frac{2hc^2}{\lambda^5} \frac{1}{e^{hc/\lambda kT} - 1}$$

ただし，h は Planck 定数，c は光速度，k はボルツマン定数である．これが Planck 関数であり，温度をパラメータとして，波長ごとの電磁波放射強度 (放射スペクトル) が記述できる (図 6.3)．

　物体に入射した電磁波が，完全に物体に吸収される (光を反射しないため黒と認識される) 場合，これを「黒体 Blackbody」という．その一方，吸収の逆の過程として，物体は上式であらわされる電磁波を「放射」する．これを黒体放射 (Blackbody Radiation) という．太陽の表面温度は，絶対温度で約 6000 K である．この場合，黒体放射は可視光帯の波長で最も強くなる．つまり，太陽が明るく輝いているのは，黒体放射として記述される物理過程であると考えられる．ちなみに人間の眼が可視光帯の電磁波を感知できたり，植物が可視光帯の電磁波で光合成をしているのは，太陽のエネルギーの大部分を使えるのが可視光帯だからであると考えても良いだろう．また植物の葉は可視光帯では濃い緑であるが，700 nm より波長が長い赤外線では，ほぼ「真っ白」である．光合成に利用できる可視光帯以外の電磁波は，吸収せずに反射あるいは散乱してい

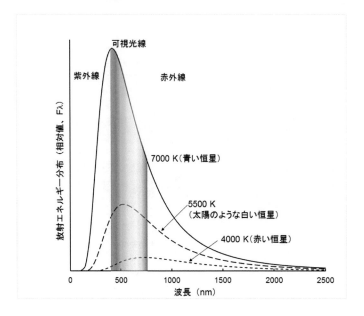

図 **6.3** Planck 関数

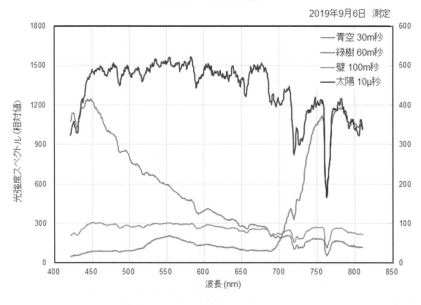

図 **6.4** 本実験装置を用いた測定例

るからである．その結果，太陽に照らされた緑の葉のスペクトルには，700 nm で大きく変化する「Red Edge」が見られる (図 6.4 参照).

　一方，地球上の我々の周囲は，絶対温度で約 300 K である．この場合，Planck 関数の値が最大になる波長は，約 10,000 nm(10 μm) の赤外線である．この波長の電磁波は，人間の眼は感知できない (人間の肌は，熱として感じることができる).

　このように，高温の物体は，短波長の電磁波を放射し，低温の物体は長波長の電磁波を主に放射する．可視光帯の中では，青や紫は高温物体，橙や赤は低温物体が放射するので，直感的な色と温度との対応とは逆であることに注意が必要である.

このように Planck の法則は「色」と「温度」の関係を表しており，この法則を用いて，「色」すなわちスペクトルから物体の「温度」を導出することができる．

6.4 太陽の構造と温度

太陽の中心部では，陽子 4 個からヘリウム原子核 1 個が生成される核融合反応が生じている．この核融合反応が発生するのに必要な温度 (約 1600 万度) が中心部で実現されているからである．この反応の結果，莫大なエネルギーと放射能が発生するが，ニュートリノ以外の放射能は太陽表面に到達しないため安全である．エネルギーのみが長い時間をかけて表面 (光球) に到達し，Planck の法則に従って主に可視光帯の電磁波を放射している．

ちなみに太陽の中心部で核融合が暴走せずに安定しているのは，発生エネルギー量が増えると，中心の温度が低下して核融合反応を抑制するという「天然のサーモスタット」になっているからである．一般に恒星のようなガスの自己重力系天体は「負の比熱」と言える性質を持ち，天然の安全・安心な核融合炉といえる．例えば，シリーズ現代の天文学第 7 巻「恒星」(野本憲一他，日本評論社) に詳しい説明がある．

これまでの研究から，太陽表面 (光球) の電磁波の放射は，第一近似として黒体に近いスペクトルを持つことがわかっている．われわれの身の回りの物体 (植物，建物など) や青空はそうではない．

なお，太陽表面のすぐ外側には，100 万度もある太陽コロナがあるが，極めて薄いガスであるために，可視光帯ではほぼ透明と仮定することが可能である (実際には様々な吸収帯があることに留意すること)．

6.5 分光装置

本実験に用いるのは，可視光分光測光装置である．可視光帯の電磁波を，波長ごとに分けて (分光)，それぞれの波長ごとの強度を測定する (測光) ことができる．装置は黒い箱に収められていて，内部は図 6.5 のようになっている．測定しようとする光は，光ファイバーの一方の端で取り入れて装置に導入される．光ファイバーの他方の端からは，ほぼ点光源のように光が放射状に出射されるので，カメラレンズで平行光にし，透過型回折格子で波長に応じて方向を変え，カメラレンズで撮像面上に波長ごとに結像させる (虹を作る)．撮像素子は USB インターフェースで，ノート PC から制御し結果を表示できる．なお，回折格子の一次干渉光のみを用いるために，光路の途中に 420 nm より短い波長の紫外線をカットするフィルターが置かれる (回折格子の二次干渉光が除去される)．

なお，透過型回折格子の原理を図 6.6 に示す．この装置の回折格子は 1 mm あたり 300 本のスリットが刻まれたものである．図中左方から入射する平行光は，この格子を通過後に，干渉によって波長の整数倍の光路差が生じる方向で強くなる．スリットの間隔を d，入射角を α，出射角を β とすると，

$$\sin \beta = \sin \alpha - \frac{m\lambda}{d}$$

の関係が成り立つ．ただし，m は整数であり干渉の次数である．一次光すなわち $m = 1$ の干渉光が分光能力や効率が高いために，実際の装置で用いられることが多い．

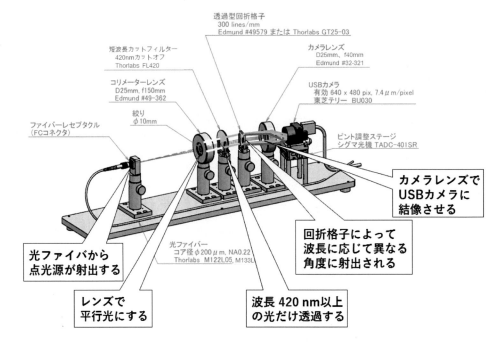

図 **6.5** 可視光分光測光装置

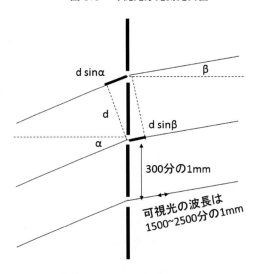

本実験で使用する透過型回折格子は、
1mmあたり300本のスリットがある。

図 **6.6** 本実験で用いる透過型回折格子

　実験において定量的な測定を行うためには，この装置の特性，特に測定量と物理量との関係を正確に知っておく必要がある．この操作を較正 (あるいは校正，calibration) という (図 6.7)．電磁波 (光) の強度スペクトルを測定する際には，次の二種類の較正をする必要がある．

A. 波長の較正 (虹の画像上の位置と波長の関係)

B. 強度の較正 (虹の画像上の明るさと入射光の強度の関係)

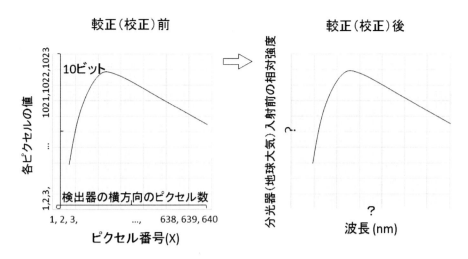

較正（校正）前

較正（校正）後

10ビット

各ピクセルの値

1021,1022,1023

1,2,3,

検出器の横方向のピクセル数

1, 2, 3,　　　　…,　　638, 639, 640

ピクセル番号(X)

分光器（地球大気）入射前の相対強度

?

?

波長 (nm)

図 6.7　装置の較正 (校正)

　A については実験の最初に行う．一方，B についてはあらかじめ較正済であるため，本実験時間中には行わない．ただし B の較正の内容とその限界について以下に説明する．まず装置として考慮すべき効果 (装置の効率が波長によって変わる) を以下に挙げる．

　　　a 光ファイバーの透過率

　　　b レンズ (2 枚) の透過率

　　　c 短波長カット (ロングパス) フィルターの透過率

　　　d 回折格子の効率

　　　e カメラレンズの透過率

　　　f USB カメラの反応率 (量子効率)

　この中で重要なのは，c，d，f であり，これらの効率変化を補正する必要がある．なお今回の実験では，強度の絶対値は測定する必要は無く，スペクトルの形を正しく得るための較正と補正を行う．

　得られたデータを物理量に変換し，必要な補正を行う．

　さらに太陽のような天体を地球上で測定 (観測) する場合，地球大気の透過率の変化を考慮する必要がある．

　　　g 地球大気中の微粒子による散乱

　　　h 地球大気中のガス (O_2，H_2O，他) による吸収

　このうち g について，標準的な減光データ (理科年表参照) で補正することとする．データ処理・解析に用いる Excel のマクロ (Analysis.xlm) では，a から g までの補正は自動的になされるが，上記 h については補正されない．従って，得られるスペクトルは，太陽が放射する電磁波の強度スペクトルに，地球大気中のガスによる吸収による効果が加わったものと考えるべきである．参考のために，図 6.8 に太陽の強度スペクトルの代表的な測定例，図 6.4 に本実験装置で測定した例 (太陽，青空，緑色植物，建物) を示す．

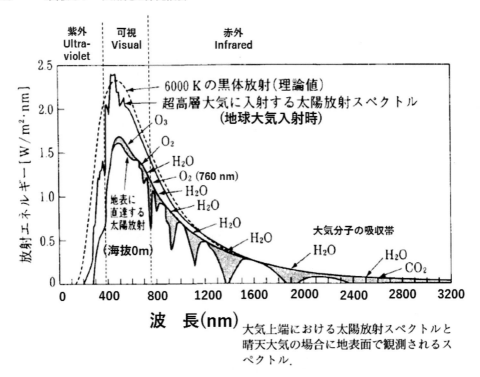

図 6.8　太陽の強度スペクトルの代表的測定例. 早坂忠裕『大気は太陽放射をどれ
だけ吸収するのか？』天気, 42 (11), 789 (1995) から転載.

6.6　実験事項

以下の順序で実験を進めること. ちなみにノート PC には,

　　　－装置のカメラを操作し撮像するツール (TeliU3vViewer)

　　　－生データをテキストデータに変換するツール (RawImageViewer)

　　　－データを解析するツール (Analysis.xlm)

がインストールされている. これらの使用方法については, 別の資料 (実験机毎に配布) を参照
すること.

1. 可視光分光測光装置の波長方向の較正を行う. ハロゲンランプ光源と単色フィルター (500
   nm, 650 nm, 800 nm) で生成した波長既知光のピクセル位置を測定し, 一次関数 (線形)
   と仮定して, ピクセル位置と波長の関係式を求める.

2. 太陽光や野外の光をファイバーに導入して測定する. 曇っていて太陽が観測できない時は,
   快晴時の観測データ (Sun10.raw) を用いること.

3. Excel のマクロ (Analysis.xlm) を用いて装置の効率を補正し, グラフを作成する. 太陽光
   のスペクトルを Planck 関数でフィッティングして, 太陽表面温度を求める.

4. 結果を考察する. 考察すべき点の例としては, 求めた温度に関すること, 及びスペクトル
   中に地球大気ガスの吸収がみられるかどうかなど.

5. 太陽以外の対象について測定したスペクトルについても, グラフを作成し, 分光学的性質
   について考察すること.

6.7 レポートに書くべき内容の例

下記の例を参考にしてレポートを書き，グラフを添えて提出すること．なお，実験のレポートには，用いた装置の名称，測定対象 (太陽，ハロゲンランプ光源，野外の光)，測定した時刻，測定時の条件 (特に，露光時間 Exposure Time)，測定値 (の生データ) などを，漏らさず記録すること．他者が実験を再現できることが，科学研究としての要件である．

1. 実験の目的
2. 実験方法と手順
   - 測定装置 (分光器)
   - 波長較正方法
   - 各単色フィルターの強度中心のピクセル位置，測定条件 (露光時間 Exposure Time など).
3. 太陽光およびその他の光のスペクトル測定，処理方法
   - 測定場所，測定条件 (Exposure Time など)，平均する行範囲など
   - 較正 (校正) 後のスペクトルを，方眼紙に書く.
   - Planck 関数で太陽スペクトルをフィット (温度とスケールファクターを手動で調整する) し，太陽表面の温度を 100 K の精度で求めよ.
   - 上で求めた温度と，スペクトルにみられる様々な特徴について考察せよ．吸収線については，どんな分子によるものかを記せ.

6.8 注意事項

- 光ファイバーは折り曲げると破損する．曲率半径 10 cm 以下に曲げないように取り扱うこと.
- 可視光分光測光装置 (黒い箱) は精密機器であるので，衝撃を与えないようにそっと取り扱うこと.
- 実験終了後は，ノート PC のフォルダとファイルを整理し，キーボードと実験机を清掃し，実験に用いた用具を丁寧に片づけること.

参考図書一覧

1) 自然科学実験 1　（学術図書出版社）　大阪大学理学部自然科学実験編集委員会編

2) 地学実験　（学術図書出版社）　大阪大学地学実験担当グループ編

3) 地学事典　（平凡社）　地学団体研究会

4) 岩石学 I　偏光顕微鏡と造岩鉱物　（共立出版）　久城郁夫・都城秋穂著

5) 偏光顕微鏡と岩石鉱物　（共立出版）　黒田吉益・諏訪兼位著

6) "Interference color chart"　The geological society of Japan

7) 物理探鉱　（物理探査学会）　物理探鉱技術協会編　第 11 巻

基礎地学実験 新装版

2020 年 3 月 20 日	第 1 版	第 1 刷	印刷
2020 年 3 月 31 日	第 1 版	第 1 刷	発行
2020 年 10 月 31 日	新装版	第 1 刷	発行
2023 年 3 月 20 日	新装版	第 3 刷	発行

著　者　　廣 野 哲 朗

佐 伯 和 人

寺 崎 英 紀

境 家 達 弘

横 田 勝 一 郎

松 尾 太 郎

芝 井　　広

発 行 者　　発 田 和 子

発 行 所　　株式会社　学術図書出版社

〒113-0033　　東京都文京区本郷 5 丁目 4 の 6

TEL 03-3811-0889　　振替　00110-4-28454

印刷　三和印刷 (株)

© 2020　Printed in Japan

ISBN978-4-7806-0877-9　　C3044